云南建设学校
国家中职示范校建设成果

国家中职示范校建设成果系列实训教材

建筑材料与检测试验手册

李春年　主编
杨东华　主审

U0283174

中国建筑工业出版社

图书在版编目（CIP）数据

建筑材料与检测试验手册/李春年主编. —北京 ：中国
建筑工业出版社，2014.11
国家中职示范校建设成果系列实训教材
ISBN 978-7-112-17040-1

Ⅰ. ①建… Ⅱ. ①李… Ⅲ. ①建筑材料-检测-实验-
中等专业学校-教材 Ⅳ. ①TU502-33

中国版本图书馆 CIP 数据核字（2014）第 182467 号

　　本书包括了常用的建筑材料试验。全书共十个项目，主要内容包括：建筑材料
的基本性质试验，砂子的筛分析、含水率、表观密度、堆积密度试验，石子的筛
分、表观密度、堆积密度、压碎值试验，建筑石灰的细度试验，砖的抗压强度试
验、石灰爆裂检测试验，建筑钢材试验，水泥试验，普通混凝土试验，建筑砂浆试
验，建筑沥青试验。
　　本书可供中职和高职学校建筑类相关专业的师生使用，也可作为建筑行业职业
技能岗位培训教材。

＊　　＊　　＊

责任编辑：聂　伟　陈　桦
责任设计：张　虹
责任校对：张　颖　刘　钰

国家中职示范校建设成果系列实训教材
建筑材料与检测试验手册
李春年　主编

杨东华　主审

＊

中国建筑工业出版社出版、发行（北京西郊百万庄）
各地新华书店、建筑书店经销
北京红光制版公司制版
廊坊市海涛印刷有限公司印刷

＊

开本：787×1092毫米　1/16　印张：3¾　字数：87千字
2014年8月第一版　　2018年11月第五次印刷
定价：12.00元
ISBN 978-7-112-17040-1
（25849）

国家中职示范校建设成果系列实训教材
编 审 委 员 会

主　任：廖春洪　王雁荣

副主任：王和生　何嘉熙　黄　洁

委　员：（按姓氏笔画为序）

　　　　王　谊　　王和生　　王雁荣　　卢光武　　田云彪

　　　　刘平平　　刘海春　　李　敬　　李文峰　　李春年

　　　　杨东华　　吴成家　　何嘉熙　　张新义　　陈　超

　　　　林　云　　金　煜　　赵双社　　赵桂兰　　胡　毅

　　　　胡志光　　聂　伟　　唐　琦　　黄　洁　　蒋　欣

　　　　管绍波　　廖春洪　　黎　程

序　言

提升中等职业教育人才培养质量，需要我们大力推动专业设置与产业需求、课程内容与职业标准、教学过程与生产过程的"三对接"，积极推进学历证书和职业资格证书"双证书"制度，做到学以致用。

实现教学过程与生产过程的对接，全面提高学生素质、培养学生创新能力和实践能力，需要构建体现以教师为主导、以学生为主体、以实践为主线的中等职业教育现代教学方法体系。这就要求中等职业教育要从培养目标出发，运用理实一体化、目标教学法、行为导向法等教学方法，培养应用型、技能型人才。

但我国职业教育改革进程刚刚起步，以中等职业教育现代教学方法体系编写的教材较少，特别是体现理实一体化教学特点的实训教材非常缺乏，不能满足中等职业学校课程体系改革的要求。为了推动中等职业学校建筑类专业教学改革，作为国家中等职业教育改革发展示范学校的云南建设学校组织编写了《国家中职示范校建设成果系列实训教材》。

本套教材借鉴了国内外职业教育改革经验，注重学生实践动手能力的培养，涵盖了建筑相关专业的主要专业基础课程和专业方向课程。本套教材按照住房和城乡建设部中等职业教育专业指导委员会最新专业教学标准和现行国家规范，以项目教学法为主要教学思路编写，并配有大量工程实例及分析，可作为全国中等职业教育建筑类专业教学改革的借鉴和参考。

由于时间仓促，编者水平和能力有限，本套教材肯定还存在许多不足之处，恳请广大读者批评指正。

《国家中职示范校建设成果系列实训教材》编审委员会

2014 年 5 月

前　言

本书依据教育部《新编职业教育课程改革"十二五"规划系列教材》、《职业院校技能型紧缺人才培养培训指导方案》的要求编写。书中强化职业能力培养，注意工作经验积累，从理论上降低难度，从实际操作上提高实用性。全书共分十个项目，包括了常用的建筑材料试验。

本书由云南建设学校李春年主编，其中项目一～七、十由李韬、龙慧明、钟永梅编写，项目八由钟永梅编写，项目九由李春年编写。全书由云南建设学校杨东华主审。参加本书编写的还有王雁荣、王和生、金煜、杨东华等老师，在此表示感谢。

由于编者水平有限，书中难免有疏漏和不妥之处，敬请读者批评指正。

目　录

项目一 建筑材料的基本性质试验

1.1 密度试验

1. 试验目的

材料的密度是指在绝对密实状态下单位体积的质量。利用密度可计算材料的孔隙率和密实度。孔隙率的大小会影响到材料的吸水率、强度、抗冻性及耐久性等。

2. 主要仪器设备

(1) 李氏瓶

(2) 天平

(3) 筛子

(4) 鼓风烘箱

(5) 量筒、干燥器、温度计等

3. 试样制备

将试样碾碎，用筛子除去筛余物，放入105～110℃的烘箱中，烘至恒重，再放入干燥器中冷却至室温。

4. 试验步骤

(1) 在李氏瓶中注入与试样不起反应的液体至凸颈下部，记下刻度数 V_0（单位：cm^3）。将李氏瓶放在盛水的容器中，在试验过程中保持水温为20℃。

(2) 用天平称取60～90g试样，用漏斗和小勺小心地将试样慢慢送入李氏瓶内（不能大量倾倒，防止在李氏瓶喉部发生堵塞），直至液面上升至接近20cm^3为止。再称取未注入瓶内剩余试样的质量，计算出送入瓶中试样的质量 m（单位：g）。

(3) 用瓶内的液体将黏附在瓶颈和瓶壁的试样洗入瓶内液体中，转动李氏瓶使液体中的气泡排出，记下液面刻度 V_1（单位：cm^3）。

(4) 将注入试样后的李氏瓶中的液面读数 V_1 减去未注入前的读数 V_0，得到试样的密实体积 V（单位：cm^3）。

(5) 试验结果计算：材料的密度按下式计算（精确至小数后第二位）。

$$\rho = \frac{m}{V}$$

式中　ρ——材料的密度（g/cm^3）；

　　　m——装入瓶中试样的质量（g）；

　　　V——装入瓶中试样的绝对体积（cm^3）。

按规定，密度试验用两个试样平行进行，以其计算结果的算术平均值作为最后结果，但两个结果之差不应超过0.02g/cm^3。

5. 试验记录

试验次数	质量（g）	体积（cm³）	密度（g/cm³）	密度算术平均值（g/cm³）
第一次				
第二次				

6. 结果分析、计算、评定

_____

_____

_____

_____

_____

_____

_____

_____

_____

_____

_____

学生实训考核评价

项目	得分	权重	权重得分	综合得分
学习态度		0.3		
实训操作及数据记录		0.4		
数据处理质量		0.3		

1.2 表观密度试验

1. 试验目的

材料的表观密度是指在自然状态下单位体积的质量。利用材料的表观密度可以估计材料的强度、吸水性、保温性等，同时可用来计算材料的自然体积或结构物质量。

2. 主要仪器设备

（1）游标卡尺

（2）天平

（3）鼓风烘箱

（4）干燥器、直尺等

3. 试验步骤

（1）对几何形状规则的材料：将待测材料的试样放入 105～110℃的烘箱中烘至恒重，

取出置于干燥器中冷却至室温。

1）用游标卡尺量出试样尺寸，试样为正方体或平行六面体时，分别测量三组长、宽、高，以三组值的算术平均值计算出体积 V_0；试样为圆柱体时，以两个互相垂直的方向测量其直径，沿圆柱体高度方向的上、中、下测量三次，将六次测量值的算术平均值作为其直径，并计算出体积 V_0。

2）用天平称量出试样的质量 m。

3）试验结果计算：材料的表观密度按下式计算。

$$\rho_0 = m/V_0$$

式中　ρ_0——材料的表观密度（g/cm³）；

　　　m——试样的质量（g）；

　　　V_0——试样自然状态下的体积（cm³）。

（2）对非规则几何形状的材料（如卵石）：其自然状态下的体积 V_0 可用排液法测定，在测定前应对其表面封蜡，封闭开口孔后，再用容量瓶或广口瓶进行测试。其余步骤同规则形状试样。

4. 试验记录

试验次数	质量 m (g)	长 （cm）			宽 （cm）			高 （cm）			体积 V_0 （cm³）	表观密度 （g/cm³）
		a_1	a_2	a_3	b_1	b_2	b_3	c_1	c_2	c_3		
一												
二												
三												
四												
五												

5. 结果分析、计算、评定

_____

_____

_____

_____

_____

_____

_____

_____

_____

_____

_____

_____

_____

项目	得分	权重	权重得分	综合得分
学习态度		0.3		
实训操作及 数据记录		0.4		
数据处理 质量		0.3		

1.3 堆积密度试验

1. 试验目的

堆积密度是指散粒或粉状材料（如砂、石等）在自然堆积状态下（包括颗粒内部的孔隙及颗粒之间的空隙）单位体积的质量。利用材料的堆积密度可估算散粒材料的堆积体积及质量，同时可考虑材料的运输工具及估计材料的级配情况等。

2. 主要仪器设备

（1）鼓风烘箱

（2）容量筒

（3）天平

（4）标准漏斗、直尺、浅盘、毛刷等

3. 试样制备

用四分法缩取 3L 的试样放入浅盘中，将浅盘放入温度为 105～110℃ 的烘箱中烘至恒重，再放入干燥器中冷却至室温，分为大致相等的两份待用。

4. 试验步骤

（1）称取标准容器的质量 m_1（单位：g）。

（2）取试样一份，经过标准漏斗将其徐徐装入标准容器内，待容器顶上形成锥形，用钢尺将多余的材料沿容器口中心线向两个相反方向刮平。

（3）称取容器与材料的总质量 m_2（单位：g）。

5. 试验结果计算：试样的堆积密度可按下式计算（精确至 10kg/m³）。

$$\rho_0' = \frac{m_2 - m_1}{V_0'}$$

式中　ρ_0'——材料的堆积密度（kg/m³）；

m_1——标准容器的质量（kg）；

m_2——标准容器和试样总质量（kg）；

V_0'——标准容器的容积（m³）。

以两次试验结果的算术平均值作为堆积密度的测定结果。

6. 试验记录

试验次数	质量 m_1 （kg）	质量 m_2 （kg）	体积 V_0' （cm³）	密度 ρ_0' （kg/m³）
试验一				
试验二				

7. 结果分析、计算、评定

_____

_____

_____

_____

_____

_____

_____

_____

_____

_____

_____

_____

学生实训考核评价

项目	得分	权重	权重得分	综合得分
学习态度		0.3		
实训操作及 数据记录		0.4		
数据处理 质量		0.3		

项目二 砂子的筛分析、含水率、表观密度、堆积密度试验

2.1 砂子的筛分析试验

1. 试验目的

通过试验测定砂的颗粒级配，计算砂的细度模数，评定砂的粗细程度；正确使用仪器与设备并熟悉其性能。

2. 主要仪器设备

（1）标准筛（筛孔孔径为 9.9mm、4.75mm、2.36mm、1.18mm、0.6mm、0.3mm、0.15mm 的筛各一只，并配有筛底和筛盖）

（2）天平

（3）鼓风烘箱

（4）摇筛机

（5）搪瓷盘、毛刷等

3. 试验步骤

（1）试样制备：按规定取样，用四分法分取不少于 4400g 的试样，并将试样缩分至 1100g，放入烘箱中在 105±5℃下烘干至恒重，待冷却至室温后，筛除大于 9.50mm 的颗粒（计算出其筛余百分率），分为大致相等的两份备用。

（2）称取试样：取备用试样的其中一份，称取试样 500g，精确至 1g。

（3）筛分：将称好的试样倒入按孔径由大到小从上到下组合的套筛（附有筛底）中，盖好筛盖后筛分，筛至每分钟通过量小于试样总量的 0.1％为止。

（4）称量筛余量：精确至 1g，试样在各号筛上的筛余量不得超过下式计算的量：

$$G = \frac{A \times d^{1/2}}{200}$$

式中 G——在一个筛上的筛余量（g）；

　　　　A——筛面面积（mm²）；

　　　　d——筛孔直径（mm）。

4. 试验记录

试样重量（g）	筛孔尺寸（mm）	筛余量（g）			分计筛余百分率（%）	累计筛余百分率（%）
		1	2	平均		

细度模数计算：

5. 结果分析、计算、评定

学生实训考核评价

项目	得分	权重	权重得分	综合得分
学习态度		0.3		
实训操作及数据记录		0.4		
数据处理质量		0.3		

2.2 砂子的含水率试验

1. 试验目的

测出砂的含水率，供计算混凝土施工配合比使用。

2. 主要仪器设备

（1）烘箱

（2）天平

（3）容器（如浅盘等）

3. 试验步骤

称取质量 m_2 的试样，倒入已知质量的烧杯中，放入温度控制在 105 ± 5℃的烘箱中烘干至恒温。将试样冷却至室温后，称其质量为 m_1。

4. 实验结果评定

含水率按下式计算：

$$W_{含} = (m_2 - m_1)/m_1 \times 100\%$$

式中　$W_{含}$——含水率（%）；

　　m_1——烘干后的试样质量（g）；

　　m_2——烘干前的试样质量（g）。

5. 试验记录

	次数	烘干前质量（g）	烘干后质量（g）	含水率（%）	平均含水率（%）
含水率测定	1				
	2				

6. 试验结果分析、计算、评定

_____

_____

_____

_____

_____

_____

_____

_____

_____

_____

_____

_____

_____

学生实训考核评价

项目	得分	权重	权重得分	综合得分
学习态度		0.3		
实训操作及数据记录		0.4		
数据处理质量		0.3		

2.3 砂子的表观密度试验

1. 试验目的

测定砂子的表观密度，用于混凝土的配合比设计。

2. 主要仪器设备

（1）鼓风烘箱

（2）天平

（3）容量瓶

（4）干燥器、搪瓷盘、滴管、毛刷等

3. 试验步骤

试样缩分至约 660g，放入烘箱中烘干至恒温，冷却至室温后分为大致相等的两份备用。取其中一份试样（G_0），准确称量 300g；将试样装入容量瓶，注入冷开水至接近 500mL，用手摇动容量瓶使砂样充分摇动，以排除气泡，塞紧瓶盖后静置 24h，用滴管小心加水至 500mL，塞紧瓶盖，擦干净瓶外水分，称其质量（G_1），精确至 1g，倒出瓶内水和试样并洗干净。以同样的方法装入 500mL 的水，称其质量（G_2）。

4. 试验结果及评定

$$\rho_0 = \frac{G_0}{G_0 + G_2 - G_1} \times \rho_w$$

5. 试验记录

	次数	G_0（g）	G_1（g）	G_2（g）	表观密度（g/cm³）	平均表观密度（g/cm³）
表观密度测定	1					
	2					

6. 试验结果分析、计算、评定

_____

_____

_____

_____

_____

_____

_____

_____

学生实训考核评价

项目	得分	权重	权重得分	综合得分
学习态度		0.3		
实训操作及数据记录		0.4		
数据处理质量		0.3		

2.4 砂子的堆积密度试验

1. 试验目的

测定砂子在自然状态下的堆积密度。

2. 主要仪器设备

（1）电子秤

（2）容量筒

（3）烘箱

（4）标准漏斗

（5）浅盘

3. 试验步骤

用浅盘装试样约 5kg，在烘箱中烘干至恒温，取出冷却至室温，分成大致相等的两份备用。将试样装入漏斗中，打开底部的活动门，将砂流入容量筒中，也可直接用小勺向容量筒中装试样，但漏斗出料口或料勺距容量筒筒口均应为 50mm 左右，试样装满并超出容量筒筒口后，用直尺将多余的试样沿筒口中心线向两个相反方向刮平，称取质量 m_1（筒和砂的质量）。

4. 试验结果和评定

$$\rho = \frac{m_1 - m_0}{v} \times 100\%$$

式中　m_1——砂和筒的质量（g）；

　　　m_0——筒的质量（g）；

　　　v——筒的容积（mL）。

5. 试验记录

	次数	m_1（g）	m_0（g）	v（mL）	堆积密度（g/cm³）	平均堆积密度（g/cm³）
堆积密度测定	1					
	2					

6. 试验结果分析、计算、评定

_____

_____

_____

_____

_____

_____

学生实训考核评价

项目	得分	权重	权重得分	综合得分
学习态度		0.3		
实训操作及数据记录		0.4		
数据处理质量		0.3		

项目三 石子的筛分、表观密度、
堆积密度、压碎值试验

3.1 石子的筛分试验

1. 试验目的

通过筛分试验测定碎石或卵石的颗粒级配，以便于选择优质粗集料，达到节约水泥和改善混凝土性能的目的。

2. 主要仪器设备

（1）标准筛（筛孔孔径为 2.36mm、4.75mm、9.5mm、16.0mm、19.0mm、26.5mm、31.5mm、37.5mm、53mm、63mm、75.0mm 及 90mm 的筛各一只，并配有筛底和筛盖）

（2）天平

（3）鼓风烘箱

（4）摇筛机

（5）搪瓷盘、毛刷等

3. 试验步骤

（1）试样制备：将试样缩分至略大于下表所规定的数量，烘干或风干备用。

试 样 制 备

最大粒径（mm）	9.5	16.0	19.0	26.5	31.5	37.5	63.0	75.0
试样质量（kg）	1.9	3.2	3.8	5.0	6.3	7.5	12.6	16.0

（2）称取试样：按上表所规定的质量称取试样 1 份，精确至 1g，将试样倒入按孔径大小从上到下组合的套筛上，进行筛分。

（3）筛分：将套筛置于摇筛机上，摇 10min；取下套筛，按筛孔大小顺序再逐个用手筛，筛至每分钟通过量小于试样总量的 0.1％为止。

（4）称量筛余量：精确至 1g。

4. 石子筛分析记录

石子筛分析记录

试样重量（g）	筛孔尺寸（mm）	筛余量（g）			分计筛余百分率（％）	累计筛余百分率（％）
		1	2	平均		

5. 试验结果分析、计算、评定

学生实训考核评价

项目	得分	权重	权重得分	综合得分
学习态度		0.3		
实训操作及 数据记录		0.4		
数据处理 质量		0.3		

3.2 石子的表观密度试验

1. 试验目的

测定石子的表观密度，用于混凝土的配合比设计。

2. 主要仪器设备

（1）鼓风烘箱

（2）台秤

（3）吊篮

（4）方孔筛（孔径为 4.75mm 的筛一只）

（5）盛水容器（有溢流孔）

（6）温度计、搪瓷盘、毛巾等

3. 试验步骤

（1）试样备制：按下表规定取样，风干后筛除小于 4.75mm 的颗粒，然后洗刷干净，分为大致相等的两份备用。

试 样 备 制

最大粒径（mm）	<26.5	31.5	37.5	63.0	75.0
最少试样质量（kg）	2.0	3.0	4.0	6.0	6.0

（2）取试样一份装入吊篮，并浸入盛水的容器中，液面至少高出试样表面 50mm。

（3）测定水温后，准确称出吊篮和试样在水中的质量，精确至 5g。

（4）提起吊篮，将试样倒入浅盘，放入烘箱中烘干至恒重，待冷却至室温后，称出其质量，精确至 5g。

（5）称出吊篮在同样温度水中的质量，精确至 5g。

4. 试验结果及评定

$$\rho_0 = \frac{G_0}{G_0 + G_2 - G_1} \times \rho_W$$

式中　ρ_0 ——试样的表观密度（kg/m^3）；

　　　ρ_W ——水的表观密度（$1000kg/m^3$）；

　　　G_0 ——烘干后试样的质量（kg）；

　　　G_1 ——吊篮及试样在水中的质量（kg）；

　　　G_2 ——吊篮在水中的质量（kg）。

5. 试验记录

	次数	G_0（kg）	G_1（kg）	G_2（kg）	表观密度（kg/m^3）	平均表观密度（kg/m^3）
表观密度测定	1					
	2					

6. 试验结果分析、计算、评定

_____
_____
_____
_____
_____
_____
_____
_____
_____
_____
_____

学生实训考核评价

项目	得分	权重	权重得分	综合得分
学习态度		0.3		
实训操作及数据记录		0.4		
数据处理质量		0.3		

3.3 石子的堆积密度试验

1. 试验目的

测定集料在自然状态下的堆积密度。

2. 主要仪器设备

（1）电子秤

（2）容量筒

（3）烘箱

（4）平头铁铲

容量筒容积

石子最大粒径（mm）	9.5、16.0、19.0、26.5	31.5、37.5	63.0、75.0
容量筒容积（L）	10	20	30

3. 试验步骤

试验应用烘干或风干的试样。

（1）按石子最大粒径选用容量筒并称容量筒质量 m_1。

（2）校正容量筒的容积 v_0。

（3）取试样一份，置于平整干净的地板或铁板上，用铁铲将试样自距筒口 50mm 左右处自由落入容量筒，装满容量筒并除去凸出筒口表面的颗粒，以合适的颗粒填入凹陷部分，使表面凸起部分和凹陷部分的体积大致相等，称取容量筒和试样的总质量 m_2。

4. 试验结果和评定，精确至 10kg/m³

$$\rho_0 = \frac{m_2 - m_1}{v_0}$$

5. 试验记录

堆积密度测定	次数	m_1 (kg)	m_2 (kg)	v_0 (L)	堆积密度（kg/m³）	平均堆积密度（kg/m³）
	1					
	2					

6. 试验结果分析、计算、评定

_____

_____

_____

_____

_____

_____

_____

_____

项目	得分	权重	权重得分	综合得分
学习态度		0.3		
实训操作及数据记录		0.4		
数据处理质量		0.3		

3.4 石子的压碎值试验

1. 试验目的

测定石子抵抗压碎的能力，可间接地推测其相应的强度。

2. 主要仪器设备

（1）压力试验机

（2）台秤

（3）天平

（4）手压试模

（5）方孔筛（孔径为 2.36mm、9，5mm、19.0mm 的筛各一只）

（6）垫棒

3. 试验步骤

（1）按规定取样。

（2）称取试样 3000g，精确至 1g。

（3）把装有试样的模子置于压力机。

（4）取下压头，倒出试样。

4. 试验结果和评定

$$Q_C = \frac{G_1 - G_2}{G_1} \times 100\%$$

式中 Q_C——压碎指标值（%）；

G_1——试样的质量（g）；

G_2——压碎试验后筛余的试样质量（g）。

5. 试验记录

试验次数	碎石重量（g）		压碎值（%）	
	试样重量	压碎后通过 2.36mm 筛的全部颗粒的质量	$Q_C = \frac{G_1 - G_2}{G_1} \times 100\%$	平均
	G_1	G_2		
第一次				
第二次				
第三次				

6. 试验结果分析、计算、评定

_____

_____

_____

_____

_____

_____

_____

_____

_____

_____

学生实训考核评价

项目	得分	权重	权重得分	综合得分
学习态度		0.3		
实训操作及数据记录		0.4		
数据处理质量		0.3		

项目四 建筑石灰的细度试验

1. 试验目的

通过对生石灰粉或消石灰粉进行细度的试验，判断其是否合格。

2. 主要仪器设备

(1) 试验筛（孔径为 0.900mm、0.125mm 的方孔筛各一只）

(2) 天平

(3) 羊毛刷（4 号）

3. 试验步骤

(1) 称取试样：称取试样 50g，倒入孔径 0.900mm、0.125mm 方孔筛内筛分。

(2) 筛分

(3) 称量筛余量：分别称量筛余物的质量为 m_1、m_2。

4. 试验结果及评定

$$x_1 = \frac{m_1}{m} \times 100\%$$

$$x_2 = \frac{m_1 + m_2}{m} \times 100\%$$

式中　x_1——0.900mm 方孔筛筛余率（%）；

　　　x_2——0.125mm 方孔筛、0.900mm 方孔筛的总筛余率（%）；

　　　m_1——0.900mm 方孔筛筛余量（g）；

　　　m_2——0.125mm 方孔筛筛余量（g）；

　　　m——样品质量（g）。

5. 试验记录

试样名称：	取样地点：		试样描述：	
试样质量 （g）	0.900mm 方孔筛筛余量 （g）	0.900mm 方孔筛筛余率 （%）	0.125mm 方孔筛筛余量 （g）	0.125mm 方孔筛筛余率 （%）

6. 试验结果分析、计算、评定

_____

_____

_____

_____

_____

学生实训考核评价

项目	得分	权重	权重得分	综合得分
学习态度		0.3		
实训操作及数据记录		0.4		
数据处理质量		0.3		

项目五　砖的抗压强度试验、石灰爆裂检测试验

5.1　砖的抗压强度试验

1. 试验目的

掌握普通砖的抗压强度试验方法，并通过测定砖的抗压强度，确定砖的强度等级。

2. 主要仪器设备

(1) 压力机：300～500kN

(2) 锯砖机或切砖机、直尺、镘刀等

3. 试件制备

试样数量：烧结普通砖、烧结多孔砖和蒸压灰砂砖各 5 块，空心砖 10 块（大面和条面抗压各 5 块）。非烧结砖也可用抗折强度测试后的试样作为抗压强度试样。

(1) 烧结普通砖、蒸压灰砂砖的试件制备：将试样切断或锯成两个半截砖，断开后的半截砖长不得小于 100mm。在试样制备平台上将已断开的半截砖放入室温的净水中浸泡 10～20min 后取出，并使断口以相反方向叠放，两者中间抹以厚度不超过 5mm 的水泥净浆粘结，上下两面用厚度不超过 3mm 的同种水泥浆抹平。水泥浆用 42.5 强度等级普通硅酸盐水泥调制，稠度要适宜。制成的试件上、下两面须相互平行，并垂直于侧面。

(2) 烧结多孔砖、空心砖的试件制备：多孔砖以单块整砖沿竖孔方向加压。空心砖以单块整砖沿大面和条面方向分别加压。试件制作采用坐浆法操作。即用一块玻璃板置于水平的试件制备平台上，其上铺一张湿的垫纸，纸上铺一层厚度不超过 5mm，用 32.5 或 42.5 强度等级通用硅酸盐水泥制成的稠度适宜的水泥净浆，再将经水浸泡 10～20min 的多孔砖试样的受压面坐放在水泥浆上，在另一受压面上稍加压力，使整个水泥层与砖的受压面相互粘结，砖的侧面应垂直于玻璃板。待水泥浆适当凝固后，连同玻璃板翻放在另一铺纸放浆的玻璃板上，再进行坐浆，并用水平尺校正上玻璃板，使之水平。

(3) 制成的试件应置于温度不低于 10℃ 的不通风室内养护 3d，再进行强度测试。非烧结砖不需要养护，可直接进行测试。

4. 试验步骤

(1) 测量每个试件连接面或受压面的长 L（mm）、宽 B（mm）尺寸各两组，分别取其平均值，精确至 1mm。

(2) 将试件平放在加压板的中央，垂直于受压面加荷，加荷应均匀平稳，不得发生冲击和振动。加荷速度以 5±0.5kN/s 为宜，直至试件破坏为止，记录最大破坏荷载。

5. 试验结果评定

(1) 每块试样的抗压强度 R_p 按下式计算（精确至 0.1MPa）。

$$R_p = \frac{P}{Lb}$$

式中　R_p——砖样试件的抗压强度（MPa）；

　　　　P——最大破坏荷载（N）；

　　　　L——试件受压面（连接面）的长度（mm）；

　　　　b——试件受压面（连接面）的宽度（mm）。

（2）试验结果以试样抗压强度的算术平均值和标准值或单块最小值表示，精确至 0.1MPa。

6. 试验记录

砖的强度试验报告表

试验日期：_____年___月___日

	样品名称			生产厂及产地				外观等级			
抗压强度	试件编号	1	2	3	4	5	6	7	8	9	10
	长(mm)×宽(mm)										
	面积（mm²）										
	破坏荷载（N）										
	抗压强度（MPa）										

7. 试验结果分析、计算、评定

_____

_____

_____

_____

_____

_____

_____

_____

_____

_____

_____

_____

学生实训考核评价

项目	得分	权重	权重得分	综合得分
学习态度		0.3		
实训操作及数据记录		0.4		
数据处理质量		0.3		

5.2　砖的石灰爆裂检测试验

1. 试验目的

检测烧结砖的石灰爆裂，为确定烧结普通砖的外观质量提供依据。

2. 主要仪器设备

（1）蒸煮箱

（2）钢直尺：分度值不应大于 1mm

3. 试样数量

试样数量为 5 块，所取试样为未经雨淋或浸水，近期生产的外观完整的试样。

4. 试验方法

（1）试验前检查每块试样，将不属于石灰爆裂的外观缺陷作标记。

（2）将试样平行侧立于蒸煮箱内的箅子板上，试样间隔不得小于 50mm，箱内水面应低于箅子板 40mm。

（3）加盖蒸 6h 后取出。

（4）检查每块试样上因石灰爆裂（含试验前已出现的裂缝）而造成的外观缺陷，记录其尺寸。

5. 试验结果评定

以试样石灰爆裂区域的尺寸最大值表示。

6. 试验记录

砖的石灰爆裂检测表

试验日期_____年___月___日

样品名称		生产厂及产地		外观等级	
试件编号	1	2	3	4	5
石灰爆裂区域的尺寸（mm）					

7. 试验结果分析、计算、评定

_____

_____

_____

_____

_____

_____

_____

学生实训考核评价

项目	得分	权重	权重得分	综合得分
学习态度		0.3		
实训操作及数据记录		0.4		
数据处理质量		0.3		

项目六　建 筑 钢 材 试 验

6.1　钢筋的拉伸性能试验

1. 试验目的

测定低碳钢的屈服强度、抗拉强度、伸长率三个指标，作为评定钢筋强度等级的主要技术依据。

2. 主要仪器设备

（1）万能试验机

（2）钢板尺、游标卡尺、千分尺、两脚爪规等

3. 试件制备

（1）抗拉试验用钢筋试件一般不经过车削加工，可以用两个或一系列等分小冲点或细划线标出原始标距（标记应不影响试样断裂）。

（2）试件原始尺寸的测定

1）测量标距长度 l_0，精确到 0.1mm。

2）圆形试件横断面直径：应在标距的两端及中间处两个相互垂直的方向上各测一次，取其算术平均值，选用三处测得的横截面积中的最小值，横截面积按下式计算：

$$A_0 = \frac{1}{4}\pi \cdot d_0^2$$

式中　　A_0——试件的横截面积（mm^2）；

d_0——圆形试件原始横断面直径（mm）。

4. 试验步骤

（1）屈服强度与抗拉强度的测定

1）调整试验机的测力度盘的指针，使其对准零点，仅拨动副指针，使其与主指针重叠。

2）将试件固定在试验机夹头内，开动试验机进行拉伸。拉伸速度为：屈服前，应力增加速度为每秒钟 10MPa；屈服后，试验机活动夹头在荷载下的移动速度不大于 0.5L/min，其中 $L = L_0 + 2h_1$。

3）拉伸中，测力度盘的指针停止转动时的恒定荷载，或不计初始瞬时效应时的最小荷载，即为屈服点荷载 F_s。

4）向试件连续施荷直至拉断，由测力度盘读出最大荷载，即为抗拉极限荷载 F_b。

（2）伸长率的测定

1）将已拉断试件的两端在断裂处对齐，尽量使其轴线位于一条直线上。如拉断处由于各种原因形成缝隙，则此缝隙应计入试件拉断后的标距长度。

2）如拉断处与邻近标距端点的距离 $> \frac{1}{3} l_0$ 时，可用卡尺直接量出已被拉长的标距长度 l_0（mm）。

3）如拉断处到邻近标距端点的距离 $\leqslant \frac{1}{3} l_0$ 时，可按移位法计算标距 l_1（mm）。

4）如试件在标距端点上或标距处断裂，则试验结果无效，应重新试验。

5. 试验结果处理

按下式计算试件的屈服强度：

$$\sigma_s = \frac{F_s}{A_0}$$

式中　σ_s——屈服强度（MPa）；

　　　F_s——屈服点荷载（N）；

　　　A_0——试件的原截面面积（mm²）。

对试件继续施加荷载直到拉断。由测力度盘读出最大荷载 F_b。

按下式计算出试件的抗拉强度：

$$\sigma_b = \frac{F_b}{A_0}$$

式中　σ_b——抗拉强度（MPa）；

　　　F_b——最大荷载（N）；

　　　A_0——试件的原截面面积（mm²）。

按下式计算出试件的伸长率：

$$\delta = \frac{(L_1 - L_0)}{L_0} \times 100\%$$

式中　δ——伸长率（%）；

　　　L_0——试件标距原始长度（mm）；

　　　L_1——试件拉断后标距长度（mm）。

6. 试验记录

试件名称	试件编号	直径 (mm)	截面积 (mm²)	标距 (mm)	屈服点荷载 (N)	屈服强度 (MPa)	最大荷载 (N)	抗拉强度 (MPa)	试件断后程度	伸长率 (%)

7. 结果分析、计算、评定

_____

_____

_____

_____

_____

_____

学生实训考核评价

项目	得分	权重	权重得分	综合得分
学习态度		0.3		
实训操作及数据记录		0.4		
数据处理质量		0.3		

6.2 钢筋的弯曲（冷弯）性能试验

1. 试验目的

通过检验钢筋的工艺性能评定钢筋的质量，正确使用仪器设备。

2. 主要仪器设备

压力机或万能试验机

3. 试件制备

（1）试样的弯曲外表面不得有划痕。

（2）试样加工时，应去除剪切或火焰切割等形成的影响区域。

（3）当钢筋直径小于 35mm 时，不需加工，直接试验；若试验机能量允许，直径不大于 50mm 的试件也可用全截面的试件进行试验。

（4）当钢筋直径大于 35mm 时，应加工成直径 25mm 的试件。加工时应保留一侧原表面，弯曲试验时，原表面应位于弯曲的外侧。

（5）弯曲试件长度根据试件直径和弯曲试验装置而定，通常按下式确定试件长度：

$$l = 5d + 150$$

4. 试验步骤（过程）

（1）半导向弯曲

将试样一端固定，绕弯心直径进行弯曲，试样弯曲到规定的弯曲角度会出现裂纹、裂缝或断裂。

（2）导向弯曲

将试样放置于两个支点上，用一定直径的弯心在试样两个支点的中间施加压力，使试样弯曲到规定的角度，会出现裂纹、裂缝或断裂。

5. 试验结果处理

按以下试验结果评定方法，若无裂纹、裂缝或裂断，则评定试件合格。

24

（1）完好

试件弯曲处的外表面金属基本上无肉眼可见因弯曲变形产生的缺陷时，称为完好。

（2）微裂纹

试件弯曲外表面金属基本上出现细小裂纹，其长度不大于 2mm，宽度不大于 0.2mm 时，称为微裂纹。

（3）裂纹

试件弯曲外表面金属基本上出现裂纹，其长度大于 2mm，而小于或等于 5mm，宽度大于 0.2mm，而小于或等于 0.5mm 时，称为裂纹。

（4）裂缝

试件弯曲外表面金属基本上出现明显开裂，其长度大于 5mm，宽度大于 0.5mm 时，称为裂缝。

（5）裂断

试件弯曲外表面出现沿宽度贯穿的开裂，其深度超过试件厚度的 1/3 时，称为裂断。

在微裂纹、裂纹、裂缝中规定的长度和宽度，只要有一项达到某规定范围，即应按该级评定。

6. 试验记录

序号	规格	弯心直径	弯曲角度	结果评定

7. 结果分析、计算、评定

_____

_____

_____

_____

_____

_____

_____

学生实训考核评价

项目	得分	权重	权重得分	综合得分
学习态度		0.3		
实训操作及数据记录		0.4		
数据处理质量		0.3		

项目七 水 泥 试 验

7.1 水泥标准稠度用水量

1. 试验目的

通过试验测定水泥净浆达到标准稠度的需水量，作为水泥凝结时间、安定性试验的用水量标准。

2. 主要仪器设备

(1) 水泥净浆搅拌机

(2) 标准法维卡仪

(3) 盛装水泥净浆的试模

(4) 量水器

(5) 天平

3. 试验步骤

(1) 试验前必须做到：

① 维卡仪的金属棒能否自由滑动

② 试杆接触玻璃板时指针对准零点

③ 搅拌机运行正常

(2) 试验用水必须是洁净的饮用水，如有争议时应以蒸馏水为准。

(3) 水泥净浆的拌制

(4) 拌合结束后，将拌制好的试样装入锥模中，用小刀插捣，轻轻振动数次，刮去多余的净浆；抹平后迅速放到维卡仪上的固定位置上。将试锥降至锥尖与净浆表面接触，拧紧螺丝 1~2s 后，突然放松，使试锥自由沉入净浆。当试锥停止下沉或释放试锥 30s 时记录试锥下沉深度。

4. 试验记录

测定日期	测定方法	试样质量 (g)	拌合水量 (mL)	试杆距底板距离 (mm)	试锥下沉深度 (mm)	标准稠度用水量 (%)

5. 结果分析、计算、评定

_____

_____

_____

<hr>
<hr>
<hr>
<hr>
<hr>
<hr>
<hr>

学生实训考核评价

项目	得分	权重	权重得分	综合得分
学习态度		0.3		
实训操作及数据记录		0.4		
数据处理质量		0.3		

7.2 体积安定性试验

1. 试验目的

检验水泥浆在硬化时体积变化的均匀性，以决定水泥是否可以使用。试验方法为沸煮法，主要用以检验游离氧化钙所产生的体积安定性不良。

2. 主要仪器设备

（1）水泥净浆搅拌机

（2）雷氏夹膨胀测定仪

（3）沸煮箱

（4）量水器

（5）天平

3. 试验步骤

（1）测定前的准备工作：每个试样需成型两个试件，每个雷氏夹配两个玻璃板，玻璃板与雷氏夹内涂上一层油。

（2）雷氏夹试件的成型：将预先准备好的雷氏夹放在玻璃板上，立即将已经制好的标准稠度净浆装满雷氏夹。

（3）沸煮：调整好沸煮箱内的水位，保证沸煮过程中超过试件。

（4）脱去玻璃板取下试件。

（5）沸煮结束后，立即放掉沸煮箱中的沸水，打开箱盖，待箱体冷却至室温，取出试件。

4. 试验结果及评定

当两个试件煮后增加距离（$C-A$）的平均值不大于 5.0mm 时，认为该水泥安定性合格；当 $C-A$ 值相差超过 4.0mm 时，应用同一样品重新做一次，若再如此则认为不合格。

5. 试验记录

测定日期	测定方法	试样质量 (g)	A_1 (mm)	C_1 (mm)	C_1-A_1 (mm)	是否合格
			A_2（mm）	C_2（mm）	C_2-A_2（mm）	是否合格

6. 结果分析、计算、评定

_____

_____

_____

_____

_____

_____

_____

_____

学生实训考核评价

项目	得分	权重	权重得分	综合得分
学习态度		0.3		
实训操作及 数据记录		0.4		
数据处理 质量		0.3		

7.3 水泥的凝结时间

1. 试验目的

测定水泥净浆凝结时间，判断水泥是否合格。

2. 主要仪器设备

（1）水泥净浆搅拌机

（2）标准法维卡仪

（3）试模

（4）量水器

（5）天平

（6）湿气养护箱

3. 试验步骤

（1）测定前的准备工作：调整凝结时间测定仪的指针接触玻璃板时，指针对准零点。

（2）试件的制备：将标准稠度净浆一次装满试模，振动数次刮平，立即放入湿气养护箱中。

（3）初凝时间的测定：将试件在湿气养护箱中养护至加水 30min 时进行第一次测定。

（4）终凝时间的测定：完成初凝时间测定后，立即将试模连同浆体以平移的方式从玻璃板上取下，翻转 180°，再放入湿气养护箱内继续养护，临近终凝时间时每隔 15min 测定一次；当试针沉入试体 0.5mm 时，水泥达到终凝状态，水泥全部加入水中至终凝状态的时间为水泥的终凝时间，用"min"表示。

4. 试验结果及评定

达到初凝或终凝时应立即重复测一次，当两次结论相同时才能定为初凝或终凝状态。

5. 试验记录

测定日期	水泥全部加入水中时刻（h：min）	初凝时刻（h：min）	初凝时间（min）	终凝时刻（h：min）	终凝时间（min）

6. 结果分析、计算、评定

学生实训考核评价

项目	得分	权重	权重得分	综合得分
学习态度		0.3		
实训操作及数据记录		0.4		
数据处理质量		0.3		

7.4 水泥的胶砂强度检测

1. 试验目的

掌握水泥胶砂强度的测定方法，用以评定水泥的强度等级。

2. 主要仪器设备

（1）胶砂搅拌机

（2）三联试模

（3）振实台

（4）抗折强度试验机

（5）抗压强度试验机及抗压夹具

3. 试验步骤

（1）胶砂配合比

（2）胶砂配料

（3）胶砂搅拌

（4）试件成型

（5）试件养护

（6）强度试验试件的龄期

（7）抗折强度测定

（8）抗压强度测定

4. 试验结果及评定

（1）抗折强度

$$R_f = \frac{1.5 L F_f}{b^3}$$

（2）抗压强度

$$R_c = \frac{F_c}{A}$$

5. 试验记录

材料用量记录表

材料	水泥（g）	标准砂（g）	水（g）
用量			

试验数据记录表

试件编号	龄期（d）	抗折强度			抗压强度		
		截面边长（mm）	破坏荷载（kN）	抗折强度（MPa）	受压面积（mm²）	破坏荷载（kN）	抗折强度（MPa）

6. 试验结果分析、计算、评定

_____
_____
_____
_____
_____
_____
_____
_____

学生实训考核评价

项目	得分	权重	权重得分	综合得分
学习态度		0.3		
实训操作及数据记录		0.4		
数据处理质量		0.3		

7. 讨论和总结

水泥的体积安定性、凝结时间、胶砂强度对水泥的应用有什么影响?

项目八　普通混凝土试验

8.1　普通混凝土拌合物试样制备

1. 试验目的

学习混凝土拌合物的试拌方法，对拌合物的和易性进行测试和调整，为混凝土配合比设计提供依据，制作混凝土的各种试件。

2. 一般规定

1）在实验室制备混凝土拌合物时，拌制时实验室的温度应保持在 20 ± 5℃，所用材料的温度应与实验室温度一致。若需要模拟施工条件下所用的混凝土时，所用原材料的温度宜与施工现场保持一致。

2）拌制混凝土的材料以质量计。称量的精度为：水泥、水和外加剂均为 $\pm0.5\%$，骨料为 $\pm1\%$。

3）从试样制备完毕到开始做各项性能试验不宜超过 5min。

3. 主要仪器设备

（1）搅拌机：容积 75～100L，转速为 18～22r/min

（2）磅秤：称量 50kg，感量 50g

（3）天平（称量 5kg，感量 1g）、量筒（200mL、1000mL）、拌板（1.5m×2m 左右）、拌铲、盛器等

4. 拌合混凝土

人工拌合：将拌板和拌铲用湿布润湿后，将称好的砂子、水泥倒在铁板上，用平头铁锹翻至颜色均匀，再放入称好的石子与之拌合，至少翻拌三次，然后堆成锥形，将中间扒一凹坑，将称量好的拌合用水的一半倒入凹坑中，小心拌合，勿使水溢出或流出，拌合均匀后再将剩余的水一边翻拌一边加入。每翻拌一次，应用铁锹将全部混凝土铲切一次，至少翻拌六次。从加水完毕时算起，拌合应在 10min 内完成。

机械拌合：拌合前将搅拌机冲洗干净，并预拌少量同种混凝土拌合物或与拌合混凝土水灰比相同的砂浆，使搅拌机内壁挂浆。开动搅拌机，向搅拌机内依次加入石子、砂和水泥，干拌均匀，再将水徐徐加入，全部加料时间不超过 2min，水全部加入后，继续拌合 2min。将拌好的拌合物自搅拌机中卸出，倾倒在拌板上，再经人工拌合 1～2min，即可做坍落度测试或试件成型。从开始加水时算起，全部操作必须在 10min 内完成。

8.2 普通混凝土拌合物和易性试验

8.2.1 用坍落度法检验混凝土拌合物的和易性

1. 试验目的

测定塑性混凝土拌合物的和易性，以评定混凝土拌合物的质量，供调整混凝土实验室配合比用。

2. 主要仪器设备

（1）坍落度筒

（2）小铲、钢尺、喂料斗等

（3）捣棒

3. 试验方法

（1）用湿布擦拭湿润坍落度筒及其他用具，把坍落度筒放在铁板上，用双脚踏紧踏板，使坍落度筒在装料时保持位置固定。

（2）用小方铲将混凝土拌合物分三层均匀地装入筒内，使每层捣实后高度约为筒高的1/3。每层用捣棒沿螺旋方向在截面上由外向中心均匀插捣 25 次。插捣深度要求为：底层应穿透该层，上层则应插到下层表面以下 10～20mm，浇灌顶层时，应将混凝土拌合物灌至高出筒口。顶层插捣完毕后，刮去多余的混凝土拌合物并用抹刀抹平。

（3）清除坍落度筒外周围及底板上的混凝土；将坍落度筒垂直平稳地徐徐提起，轻放于试样旁边。坍落度筒的提离应在 5～10s 内完成，从开始装料到提起坍落度筒的整个过程应连续进行，并应在 150s 内完成。

（4）坍落度的调整：当测得拌合物的坍落度达不到要求，可保持水灰比不变，增加5%或 10%的水泥和水；当坍落度过大时，可保持砂率不变，酌情增加砂和石子的用量；若黏聚性或保水性不好，则需适当调整砂率，适当增加砂用量。每次调整后尽快拌合均匀，重新进行坍落度测定。

（5）将上述试验过程及主观评定以书面报告的形式记录在试验报告中。

4. 试验记录

混凝土拌合物和易性测定：

年　　月　　日

设计强度等级				成型方法		
所用原材料	种类	品种规格	材料用量 （kg）	后加料 （kg）	砂含水率 （%）	石含水率 （%）
	水泥					
	砂					
	石					
	水					
	外加剂					
	矿物掺合料					
实验室配比（质量比）				施工配合比		
坍落度（mm）			维勃稠度（s）		备注	

5. 结果分析、计算、评定

_____
_____
_____
_____
_____
_____
_____
_____
_____

学生实训考核评价

项目	得分	权重	权重得分	综合得分
学习态度		0.3		
实训操作及 数据记录		0.4		
数据处理 质量		0.3		

8.2.2 用维勃稠度法检验混凝土拌合物的和易性

1. 试验目的

测定干硬性混凝土拌合物的和易性，以评定混凝土拌合物的质量。

2. 主要仪器设备

（1）维勃稠度仪

（2）小铲、钢尺、喂料斗等

（3）捣棒

3. 试验方法

（1）将维勃稠度仪放置在坚实水平的地面上，用湿布把容器、坍落度筒、喂料斗内壁及其他用具润湿。将喂料斗提到坍落度筒上方扣紧，校正容器位置，使其中心与喂料斗中心重合，然后拧紧固定螺栓。

（2）把拌好的拌合物用小铲分三层经喂料斗均匀地装入坍落度筒内，装料及插捣的方法与坍落度测试时相同。

（3）将喂料斗转离，垂直地提起坍落度筒，此时应注意不使混凝土试体产生横向的扭动。

（4）将透明圆盘转到混凝土圆台体顶面，放松测杆螺栓，降下圆盘，使其轻轻地接触到混凝土顶面，拧紧定位螺栓并检查测杆螺栓是否已完全放松。

（5）在开启振动台的同时用秒表计时，当振动到透明圆盘的底部被水泥布满的瞬间停止计时，关闭振动台电机开关。由秒表读出的时间（s）即为该混凝土拌合物的维勃稠度值。

（6）将上述试验过程及主观评定用书面报告的形式记录在试验报告中。

8.3 普通混凝土立方体抗压强度试验

1. 试验目的

制作混凝土立方体试件，测定混凝土立方体抗压强度，检验材料的质量，确定、校核混凝土配合比，供调整混凝土实验室配合比用，此外还可应用于检验硬化后混凝土的强度性能，为控制施工质量提供依据。

2. 主要仪器设备

（1）试模：试模由铸铁或钢制成，应具有足够的刚度，并且拆装方便。另有整体式的塑料试模。试模内尺寸为 150mm×150mm×150mm。

（2）振动台：频率 3000±200 次/min，振幅 0.35mm。

（3）捣棒、磅秤、小方铲、平头铁锹、抹刀等。

（4）养护室：标准养护室温度应控制在 20±2℃，相对湿度大于 95%。在没有标准养护室时，试件可在水温为 20±2℃的不流动的 $Ca(OH)_2$ 饱和溶液中养护，但须在报告中注明。

（5）压力试验机：试验机的精确应不低于 ±1%，其量程应能使试件的预期破坏荷载值不小于全量程的 20%，也不大于全量程的 80%。与试件接触的压板尺寸应大于试件的承压面。其不平度要求为每 100mm 不超过 0.02mm。

3. 试验步骤

（1）试件的制作

1）拧紧试模的各个螺栓，擦拭试模内壁并涂上一层矿物油或脱模剂。

2）用小方铲将混凝土拌合物逐层装入试模内。试件制作时，当混凝土拌合物坍落度大于 70mm 时，宜采用人工捣实，混凝土拌合物分两层装入模内，每层装料厚度大致相等，用捣棒螺旋式从边缘向中心均匀进行插捣。插捣底层时，捣棒应达到试模底面；插捣上层时，捣棒要插入下层 20～30mm；插捣时捣棒应保持垂直，不得倾斜，并用抹刀沿试模内壁插捣数次，以防试件产生蜂窝麻面，一般 100cm² 上不少于 12 次；然后再刮去多余的混凝土拌合物，将试模表面的混凝土用抹刀抹平。

当混凝土拌合物坍落度不大于 70mm 时，宜采用机械振捣，此时可一次装满试模，并稍有富余；将试模固定在振动台上，开启振动台，振至试模表面的混凝土泛浆为止（一般振动时间为 30s）；然后刮去多余的混凝土拌合物，将试模表面的混凝土用抹刀抹平。

（2）试件的养护

标准养护的试件成型后，立即用不透水的薄膜覆盖表面，以防止水分蒸发，在 20±5℃的室内静置 24～48h 后拆模并编号。拆模后的试件应立即送入温度为 20±2℃，相对湿度为 95%以上的标准养护室养护，试件应放置在架子上，之间应保持 10～20mm 的距离，注意避免用水直接冲淋试件，确保试件的表面特征。无标准养护室时，混凝土试件可在温度为 20±2℃的不流动的 $Ca(OH)_2$ 饱和溶液中进行养护。标准养护龄期为 28d（从搅拌加水开始计时）。

（3）试件破形

1）到达试验龄期时，从养护室取出试件并擦拭干净，检查外观，测量试件尺寸（精确至 1mm），当试件有严重缺陷时，应废弃。普通混凝土立方体抗压强度测试所采用的立方体试件是以同一龄期为一组，每组至少有三个同时制作并共同养护的试件。

2）将试件放在试验机的下承压板正中，加压方向应与试件捣实方向垂直。调整球座，使试件受压面接近水平位置。加荷应连续而均匀。当混凝土强度等级<C30 时，其加荷速度为每秒 0.3～0.5MPa；当混凝土强度等级≥C30 且<C60 时，则加荷速度为每秒 0.5～0.8MPa；当混凝土强度等级≥C60 时，加荷速度为每秒钟 0.8～1.0MPa。

3）当试件接近破坏而开始迅速变形时，停止调整试验机油门，直至试件破坏，然后记录破坏荷载 P（单位：N）。

4）试件受压完毕，应清除上下压板上黏附的杂物，继续进行下一次试验。

5）将混凝土立方体强度测试的结果记录在试验报告册中，并按规定评定强度。

4. 试验结果评定

（1）混凝土立方体试件抗压强度按下式计算（精确至 0.1MPa），并记录在试验报告册中。

$$f_{cu} = \frac{P}{A}$$

式中 f_{cu}——混凝土立方体试件抗压强度（MPa）；

        P——破坏荷载（N）；

        A——试件承压面积（mm²）。

（2）以三个试件抗压强度值的算术平均值作为该组试件的抗压强度值（精确至 0.1MPa）；如果三个测定值中的最大值或最小值与中间值的差值超过中间值的 15% 时，则计算时舍弃最大值和最小值，取中间值作为该组试件的抗压强度值；如最大值和最小值与中间值的差均超过中间值的 15%，则该组试件的试验结果无效。

（3）混凝土抗压强度是以 150mm×150mm×150mm 立方体试件的抗压强度为标准值，用其他尺寸试件测得的强度值均应乘以尺寸换算系数，200mm×200mm×200mm 试件的换算系数为 1.05，100mm×100mm×100mm 试件的换算系数为 0.95。

5. 试验记录

混凝土（立方体）抗压强度测定：

                                         年   月   日

| 试件编号 | 试件规格 | 混凝土强度等级 | 材料规格 | | | 坍落度（mm） | 水灰比 | 配合比（质量比） | 水泥用量（kg） | 外加剂 % | 成型日期 | 检验龄期 | 破坏荷载（kN） | 抗压强度（MPa） |
			水泥强度标号	砂规格	石子规格（mm）									
制作条件						表观密度（kg/m³）	1			平均				
							2							

36

6. 试验结果分析、计算、评定

_____

_____

_____

_____

_____

_____

_____

_____

_____

学生实训考核评价

项目	得分	权重	权重得分	综合得分
学习态度		0.3		
实训操作及数据记录		0.4		
数据处理质量		0.3		

项目九 建筑砂浆试验

建筑砂浆的稠度、分层度和抗压强度是必检项目。我国以抗压强度作为评定砂浆质量的依据。

9.1 建筑砂浆的拌合试验

1. 试验目的

学会建筑砂浆拌合物的拌制方法，为测试和调整建筑砂浆的性能，进行砂浆配合比设计打下基础。

2. 主要仪器设备

（1）砂浆搅拌机

（2）磅秤

（3）天平

（4）拌合钢板、镘刀等

3. 拌合方法

按所选建筑砂浆配合比备料，称量要准确。

（1）人工拌合法

1）将拌合铁板与拌铲等用湿布润湿后，将称好的砂子平摊在拌合板上，再倒入水泥，用拌铲自拌合板一端翻拌至另一端，如此反复，直至拌匀。

2）将拌匀的混合料集中成锥形，在堆上做一凹槽，将称好的石灰膏或黏土膏倒入凹槽中，再倒入适量的水将石灰膏或黏土膏稀释（如为水泥砂浆，将称好的水的一部分倒入凹槽里），然后与水泥及砂一起拌合，逐次加水，仔细拌合均匀。

3）拌合时间一般为 5min，和易性满足要求即可。

（2）机械拌合法

1）拌前先对砂浆搅拌机挂浆，即用按配合比要求的水泥、砂、水，在搅拌机中搅拌（涮膛），然后倒出多余砂浆。其目的是防止正式拌合时水泥浆挂失影响到砂浆的配合比。

2）将称好的砂、水泥倒入搅拌机内。

3）开动搅拌机，将水徐徐加入（如是混合砂浆，应将石灰膏或黏土膏用水稀释成浆状），搅拌时间从加水完毕算起为 3min。

4）将砂浆从搅拌机倒在铁板上，再用铁铲翻拌两次，使之均匀。

9.2 建筑砂浆的稠度试验

1. 试验目的

通过稠度试验，可以测得达到设计稠度时的加水量，或在现场对要求的稠度进行控制，以保证施工质量。掌握《建筑砂浆基本性能试验方法标准》JGJ/T 70—2009，正确使用仪器设备。

2. 主要仪器设备

（1）砂浆稠度仪

（2）钢制捣棒

（3）台秤、量筒、秒表

3. 试验步骤

（1）盛浆容器和试锥表面用湿布擦干净后，将拌好的砂浆物一次装入容器，使砂浆表面低于容器口约 10mm，用捣棒自容器中心向边缘插捣 25 次，然后轻轻地将容器摇动或敲击 5～6 下，使砂浆表面平整，随后将容器置于稠度测定仪的底座上。

（2）拧开试锥滑杆的制动螺栓，向下移动滑杆，当试锥尖端与砂浆表面刚接触时，拧紧制动螺栓，使齿条侧杆下端刚接触滑杆上端，并将指针对准零点。

（3）拧开制动螺栓，同时计时，10s 后立刻固定螺栓，将齿条测杆下端接触滑杆上端，从刻度盘上读出下沉深度（精确到 1mm），即为砂浆的稠度值。

（4）圆锥形容器内的砂浆，只允许测定一次稠度，重复测定时，应重新取样测定。

4. 试验结果评定

（1）取两次试验结果的算术平均值作为砂浆稠度的测定结果，计算值精确至 1mm。

（2）两次试验值之差如大于 20mm，则应另取砂浆搅拌后重新测定。

9.3 建筑砂浆的分层度试验

1. 试验目的

测定砂浆拌合物在运输及停放时的保水能力及砂浆内部各组分之间的相对稳定性，以评定其和易性。掌握《建筑砂浆基本性能试验方法标准》JGJ/T70—2009，正确使用仪器设备。

2. 主要仪器设备

（1）砂浆分层度测定仪

（2）砂浆稠度测定仪

（3）水泥胶砂振实台

（4）秒表

3. 试验步骤

（1）首先按稠度试验方法测定砂浆拌合物的稠度。

（2）将砂浆拌合物一次装入分层度筒内，装满后，用木槌在容器周围距离大致相等的四个不同地方轻轻敲击 1～2 下，如砂浆沉落到低于筒口，则应随时添加，然后刮去多余的砂浆并用镘刀抹平。

（3）静置 30min 后，去掉上层 200mm 砂浆，将剩余的 100mm 砂浆倒在拌合锅内拌合 2min，再按稠度试验方法测其稠度。前后测得的稠度之差即为该砂浆的分层度值（单位：cm）。

4. 试验结果评定

砂浆的分层度宜在 10～30mm 之间，如大于 30mm 时易产生分层、离析和泌水等现象，如小于 10mm 则砂浆过干，不宜铺设且容易产生干缩裂缝。

5. 试验记录

砂浆试拌材料用量及沉入度、分层度测定：

项　　目		水泥	石灰膏	砂	水	沉入度（cm）		
						第一次	第二次	平均值
设计用量（kg）	每 m³ 用量							
	试拌用量							
增加用量（kg）	第一次							
	第二次							
	第三次							
	增加总量					分层度（cm）		
指标符合要求时的用量（kg）	试拌用量					原始值	静置后	差值
	每 m³ 用量							
重量配合比		水泥：石灰膏：砂：水＝1： ： ：						
备注								

6. 结果分析、计算、评定

砂浆的沉入度、分层度、强度等不符合要求时，应如何调整？

_____

_____

_____

_____

_____

_____

_____

_____

（1）取两次试验结果的算术平均值作为砂浆稠度的测定结果，计算值精确至 1mm。砌筑大部分砌块时的稠度要求为 60～90。

（2）两次试验值之差如大于 20mm，则应另取砂浆搅拌后重新测定。

学生实训考核评价

项目	得分	权重	权重得分	综合得分
学习态度		0.3		
实训操作及数据记录		0.4		
数据处理质量		0.3		

9.4 建筑砂浆的立方体抗压强度试验

1. 试验目的

测定建筑砂浆立方体的抗压强度，以确定砂浆的强度等级并判断是否达到设计要求。掌握《建筑砂浆基本性能试验方法标准》JGJ/T 70——2009，正确使用仪器设备。

2. 主要仪器设备

（1）压力试验机

（2）试模

（3）捣棒、垫板等

3. 试件制备

（1）制作砌筑砂浆试件时，将无底试模放在预先铺有吸水性较好的湿纸的普通黏土砖上（砖的吸水率不小于 10%，含水率不大于 2%），试模内壁事先涂刷脱膜剂或薄层机油。

（2）放在砖上的湿纸，应为湿的新闻纸（或其他未粘过胶凝材料的纸），纸的大小以能盖过砖的四边为准，砖的使用面要求平整，凡砖四个垂直面粘过水泥或其他胶结材料后，不允许再使用。

（3）向试模内一次注满砂浆，用捣棒均匀由外向里按螺旋方向插捣 25 次，为了防止低稠度砂浆插捣后，可能留下孔洞，允许用油灰刀沿模壁插数次，使砂浆高出试模顶面6～8mm。

（4）当砂浆表面开始出现麻斑状态时（约 15～30min），将高出部分的砂浆沿试模顶面削去抹平。

4. 试件养护

（1）试件制作后应在 20±5℃温度环境下放置一昼夜（24±2h）；当气温较低时，可适当延长时间，但不应超过两昼夜，然后对试件进行编号并拆模。试件拆模后，应在标准养护条件下，继续养护至 28d，然后进行试压。

（2）标准养护条件

1）水泥混合砂浆为温度 20±3℃，相对湿度 60%～80%。

2）水泥砂浆和微沫砂浆为温度 20±3℃，相对湿度 90%以上。

3）养护期间，试件彼此间隔不少于 10mm。

（3）当无标准养护条件时，可采用自然养护

1）水泥混合砂浆应在正常温度，相对湿度为 60%～80%的条件下（如养护箱中或不通风的室内）养护。

2）水泥砂浆和微沫砂浆应在正常温度并保持试块表面湿润的状态下（如湿砂堆中）养护。

3）养护期间必须作好温度记录。

5. 立方体抗压强度试验

（1）试件从养护地点取出后，应尽快进行试验，以免试件内部的温度发生显著变化。试验前先将试件擦拭干净，测量尺寸，并检查其外观。试件尺寸测量精确至 1mm，并据

此计算试件的承压面积。如实测尺寸与公称尺寸之差不超过 1mm，可按公称尺寸进行计算。

（2）将试件安放在试验机的下压板上（或下垫板上），试件的承压面应与成型时的顶面垂直，试件中心应与试验机下压板中心对准。开动试验机，当上压板与试件（或上垫板）接近时，调整球座，使接触面均衡承压。试验时应连续而均匀地加荷，加荷速度应为 0.5～1.5kN/s（砂浆强度 5MPa 以下时，取下限时宜；砂浆强度 5MPa 以上时，取上限为宜），当试件接近破坏而开始迅速变形时，停止调整试验油门，直至试件破坏，记录破坏荷载。

6. 试验结果计算与处理

（1）砂浆立方体抗压强度应按下式计算，精确至 0.1MPa。

$$f_{m,cu} = \frac{P}{A}$$

式中　$f_{m,cu}$——砂浆立方体试件的抗压强度值（MPa）；

　　　P——试件破坏荷载（N）；

　　　A——试件承压面积（mm²）。

（2）以 6 个试件测定值的算术平均值作为该组试件的抗压强度值，平均值计算精确至 0.1MPa。

当 6 个试件的最大值或最小值与平均值的差超过 20% 时，以中间 4 个试件的平均值作为该组试件的抗压强度值。

7. 试验记录

砂浆抗压强度测定：

加荷速度：　　　　kN/s　　　养护条件：

成型日期　　　年　　月　　日

试件成型基底						
养护龄期（d）						
试件编号	1	2	3	4	5	6
受压面积 F（mm²）						
破坏荷载 A（kN）						
抗压强度 f_m（MPa）						
抗压强度平均值（MPa）						
建筑砂浆强度等级评定						
备注						

8. 结果分析、计算、评定

_____

_____

_____

_____

_____

_____

_____

9. 讨论与总结

砂浆的沉入度、分层度、强度等不符合要求时，应如何调整？

_____

_____

_____

_____

_____

_____

_____

学生实训考核评价

项目	得分	权重	权重得分	综合得分
学习态度		0.3		
实训操作及 数据记录		0.4		
数据处理 质量		0.3		

项目十 建筑沥青试验

10.1 沥青的针入度试验

通过测定沥青针入度，可以评定其黏滞性并依针入度值确定沥青的牌号。

1. 主要仪器设备

(1) 针入度仪

(2) 标准针

(3) 恒温水浴

(4) 试样皿

(5) 平底玻璃皿、温度计、秒表、石棉筛、可控制温度的砂浴或密闭电炉等

2. 试样制备

(1) 将预先除去水分的试样在砂浴或密闭电炉上加热，并不断搅拌（以防局部过热），加热到使样品能够流动。加热温度不得超过试样估计软化点 100℃，加热时间不超过10min。加热和搅拌过程中避免试样中进入气泡。

(2) 将试样倒入预先选好的试样皿内，试样深度应大于预计穿入深度 10mm。

(3) 将试样皿在 15～30℃的空气中冷却 1～1.5h（小试样皿）或 1.5～2h（大试样皿），冷却时应遮盖试样皿，以防落入灰尘；然后将试样皿移入保持试验温度的恒温水浴中，水面应高于试样表面 10mm 以上，恒温 1～1.5h（小试样皿）或 1.5～2h（大试样皿）。

3. 试验步骤

(1) 调整针入度的水平，检查针连杆和导轨，以确认无水和其他外来物，无明显摩擦。用合适的溶剂清洗标准针，用干棉花将其擦干，把标准针插入连杆中并固紧。

(2) 将恒温的试样皿从水槽中取出，放入水温控制在试验温度±0.1℃的平底玻璃皿中的三脚架上，试样表面以上的水深度应不少于10mm。

(3) 将盛有试样的平底玻璃皿放在针入度的平台上。慢慢放下针连杆，使针尖刚好与试样表面接触，必要时用放置在合适位置的光源反射来观察。拉下刻度盘的拉杆，使与针连杆顶端轻轻接触，调节刻度盘的指针为零。

(4) 用手紧压按钮，同时开动秒表，使标准针自由下落穿入沥青试样，到规定时间（5s）停压按钮使标准针停止移动。

(5) 拉下刻度盘拉杆与针连杆顶端接触，此时刻度盘指针的读数即为试样的针入度，用 1/10mm 表示。

(6) 同一试样至少平行试验三次，各测点间及测定点与试样皿之间的距离不应小于10mm。每次试验后都应将放有试样皿的平底玻璃皿放入恒温水槽，使平底玻璃皿中的水

温保持试验温度。每次试验都采用干净针。

4. 试验结果处理

以三次试验结果的平均值作为该沥青的针入度。三次试验所测针入度的最大值与最小值之差不应大于表中数值。如差值超过表中数值，则试验须重做。

针入度测定最大允许差值

针入度	0～49	50～149	150～249	250～350
最大允许差值	2	4	6	10

5. 试验记录

	针入度	平均值
试验一		
试验二		
试验三		

6. 结果分析、计算、评定

学生实训考核评价

项目	得分	权重	权重得分	综合得分
学习态度		0.3		
实训操作及数据记录		0.4		
数据处理质量		0.3		

10.2 沥青的软化点试验

1. 试验目的

通过测定沥青的软化点，可以评定其温度感应性并确定沥青的牌号。沥青的软化点值也是在不同温度下选用沥青的重要技术指标之一。

2. 主要仪器设备

(1) 沥青软化点测定仪

(2) 温度计：测温范围为 30～180℃，最小分度值为 0.5℃，全浸式温度计

(3) 电炉及其他加热器、金属板或玻璃板、小刀等

3. 试件制备

(1) 将试样环置于涂有隔离剂的金属板或玻璃板上，将沥青试样（准备方法同针入度试验）注入试样环内至略高于环面为止（如估计软化点在 120℃ 以上时，应将试样环及金属板预热至 80～100℃）。

(2) 将试样在室温冷却 30min 后，用热刀刮去高出环面的试样，使之与环面平齐。

(3) 估计软化点不高于 80℃ 的试样，将盛有试样的试样环及金属板置于盛满水的保温槽内，水温保持在 5±0.5℃，恒温 15min。预估软化点高于 80℃ 的试样，将盛有试样的试样环及金属板置于盛满甘油的保温槽内，保持水温 32±1℃，恒温 15min。

(4) 烧杯内注入新煮沸并冷却至 5℃ 的蒸馏水（预估软化点不高于 80℃ 的试样），或注入预先加热至 32℃ 的甘油（预估软化点高于 80℃ 的试样），使水面甘油液面略低于连接杆上深度标记。

4. 试验步骤

(1) 从水中或甘油保温槽中，取出盛有试样的试样环并放置在环架中层板的圆孔中，为了使钢球位置居中，应套上钢球定位器，然后把整个环架放入烧杯中，调整水面或甘油面至连接杆上的深度标记，环架上任何部分不得有气泡。再将温度计由上层板中心孔垂直插入，使钢球底部与试样环下部齐平。

(2) 将烧杯移放至有石棉网的电炉或三脚架煤气灯上，然后将钢球放在试样上（各环的平面在全部加热时间内处于水平状态）立即加热，使烧杯内水或甘油温度上升速度在 3min 内保持 5±0.5℃/min，在整个测定过程中如温度的上升速度超过此范围时，则试验应重做。

(3) 试样受热软化，包裹沥青试样的钢球在重力作用下，下降至与下层底板表面接触时的温度即为试样的软化点。

5. 试验结果处理

取平行测定的两个结果的算术平均值作为测定结果。

平行测定的两个结果的偏差不得大于下列规定：软化点低于 80℃ 时，允许差值为 0.5℃；软化点高于或等于 80℃ 时，允许差值为 1℃。否则试验重做。

6. 试验记录

	软化点	算术平均值
试验一		
试验二		

7. 结果分析、计算、评定

_____

_____

_____

_____

_____

_____

_____

_____

学生实训考核评价

项目	得分	权重	权重得分	综合得分
学习态度		0.3		
实训操作及数据记录		0.4		
数据处理质量		0.3		

10.3 沥青的延度试验

1. 适用范围

非经特殊说明，试验温度为 $25\pm0.5℃$，拉伸速度为 $5\pm0.5cm/min$。

2. 主要仪器设备

（1）延度仪

凡能将试件浸没于水中，按照 $5\pm0.5cm/min$ 速度拉伸试件的仪器均可使用。该仪器在启动时应无明显的振动。

（2）试件模具

其为黄铜材质，由两个弧形端模和两个侧模组成。

（3）水浴

能保持试验温度变化不大于 $0.1℃$，容量至少为 10L，试件浸入水中深度不得小于 10cm，水浴中设置带孔搁架以支撑试件，搁架距底部不得小于 5cm。

（4）温度计

$0\sim50℃$，分度为 $0.1℃$ 和 $0.5℃$ 各一支。

（5）隔离剂

以质量计，由甘油 2 份和滑石粉 1 份调制而成。

（6）支撑板

黄铜板，一面应磨光至表面粗糙度为 $Ra0.63$。

3. 试验前的准备工作

（1）将模具组装在支撑板上，将隔离剂涂于支撑板表面和铜侧模的内表面。板上的模具要水平放好，以便模具的底部能够充分与板接触。

（2）小心加热样品，充分搅拌以防局部过热，直至样品容易倾倒。石油沥青加热温度不超过预计石油沥青软化点 90℃；煤焦油沥青样品加热温度不超过煤焦油沥青预计软化点 60℃。样品的加热时间在不影响样品性质和保证样品充分流动的基础上尽量缩短，将熔化后的样品充分搅拌之后倒入模具中，在组装模具时要小心，不要弄乱了配件。在倒样时使试样呈细流状，自模的一端至另一端往返倒入，使试样略高出试模，将试件在空气中冷却 30～40min，然后放入规定温度的水浴中保持 30min 并取出，用热的直刀或铲将高出模具的沥青刮出，使试样与模具齐平。

（3）恒温

将支撑板、模具和试件一起放入水浴中，并在试验温度下保持 85～95min，然后从板上取下试件，拆掉侧模，立即进行拉伸试验。

（4）检查延度仪拉伸速度是否符合要求，移动滑板使指针对准标尺零点。保持水槽中水温为 25±0.5℃。

4. 试验步骤

（1）将模具两端的孔分别套在试验仪器的柱上，然后以一定的速度拉伸，直至试件拉伸断裂。拉伸速度允许误差在±5％以内，测量试件从拉伸到断裂的距离，以 cm 计。试验时，试样距水面和水底的距离不小于 2.5cm，并保持水槽中水温为 25±0.5℃。

（2）如果沥青浮于水面或沉入槽底时，则试验不正常。应使用乙醇或食盐水调整水的密度，使沥青材料既不浮于水面，也不沉入槽底。

（3）正常的试验应将试样拉成锥形、线性或柱形，直至在断裂时实际横截面接近于零或为一均匀断面。如果三次试验得不到正常结果，则说明在此条件下延度无法测定。

5. 试验结果计算

（1）若三个试件测定值在其平均值的 5％以内，则取平均值作为测定结果。若三个试件测定值不在其平均值的 5％以内，但其中两个较高值在平均值的 5％以内，则去掉最低测定值，取两个较高值的平均值作为测定结果，否则重新测定。

（2）重复性

同一操作者在同一实验室使用同一台仪器对在不同时间同一样品进行试验得到的结果不超过平均值的 10％（置信度 95％）。

（3）再现性

不同操作者在不同试验室用相同类型仪器对同一样品进行试验得到的结果不超过平均值的 20％（置信度 95％）。

6. 试验记录

	温度	延度测定值	延度测定结果
试验一			
试验二			
试验三			

7. 结果分析、计算、评定

_____

_____

_____

_____

_____

_____

_____

_____

学生实训考核评价

项目	得分	权重	权重得分	综合得分
学习态度		0.3		
实训操作及数据记录		0.4		
数据处理质量		0.3		

附录　实训学生考核评分表

项目	权重	优秀 $90 \leqslant x < 100$ 参考标准	良好 $80 \leqslant x < 90$ 参考标准	中等 $70 \leqslant x < 80$ 参考标准	及格 $60 \leqslant x < 70$ 参考标准	不及格 $x < 60$ 参考标准
学习态度	0.3	学习态度认真，熟悉实训指导书规定实训内容并按指导书中规定的要求开展各项工作	学习态度比较认真，能按时保质完成指导书规定的实训内容	学习态度尚好，遵守组织纪律，基本保证实训内容，按期完成各项工作	学习态度尚可，在指导教师的帮助下能按期完成任务	学习马虎，纪律涣散，不参与实训，不能保证实训质量和进度
实训操作及数据记录	0.4	实训操作步骤合理，操作耐心细致，严格按照实训指导书内容进行相应操作。实训数据记录及时准确详细。数据准确可靠，有较强的实际动手能力、分析能力	实训操作步骤比较合理，实训过程较认真，数据记录较及时，数据比较准确，有一定的实际动手能力、分析能力	实训操作比较合理，能完成实训内容，能正确记录相应数据，数据基本准确，实际动手能力、分析能力尚可	实训操作基本合理，基本能完成整个实训内容，数据基本正确，实际动手能力、分析能力一般	实训操作不合理，不能完成实训内容，数据不可靠，实际动手能力差
数据处理质量	0.3	结构严谨，逻辑性强，层次清晰，完全符合规范化要求，书写工整	结构合理，符合逻辑，达到规范化要求，书写工整	结构基本合理，层次较为分明，基本达到规范化要求	结构基本合理，逻辑基本清楚，勉强达到规范化要求	内容空泛，结构混乱，达不到规范化要求